ТЕОРИЯ ЭВОЛЮЦИИ ДАРВИНА

Появление видов

ТЕОРИЯ ЭВОЛЮЦИИ ДАРВИНА

Появление видов

написанный Romain Parmentier
в переводе Nastia Abramov

ТЕОРИЯ ЭВОЛЮЦИИ ДАРВИНА

КЛЮЧЕВАЯ ИНФОРМАЦИЯ

- **Когда:** 24 ноября 1859 года

- **Где:** Лондон

- **Контекст:** Научные дебаты о происхождении видов в 19th веке

- **Соавторы:**

  - Чарльз Дарвин, британский натуралист (1809-1882)

  - Альфред Рассел Уоллес, британский путешественник и натуралист (1823-1913)

- **Воздействие:**

  - Новая концепция происхождения видов в естественной истории

  - Создание дарвинизма

24 ноября 1859 года впервые вышла книга *"О происхождении видов путем естественного отбора, или О сохранении благоприятствуемых рас в борьбе за жизнь"*. Эта книга, которая неоднократно переиздавалась и была переведена на многие языки, расстроила общественное мнение [19] века. Ее автор, Чарльз Дарвин, утверждал, что все виды, населяющие Землю, являются результатом медленной эволюции и что они продолжают развиваться в

отчаянной борьбе за выживание. Но не являются ли эти виды неизменными существами, живущими в щедрой природе по воле Бога? Разрыв между этими двумя идеями поразителен.

Чарльзу Дарвину потребовалось много лет, чтобы записать свои мысли и теорию. Увлеченный естественными науками, он в первую очередь совершил путешествие в качестве натуралиста на корабле *"Бигль", которое заложило* основы его революционных идей. Отплыв в декабре 1831 года, корабль вернулся в Англию в октябре 1836 года. За эти пять лет молодой ученый воспользовался возможностью собрать и изучить множество видов животных и растений. Он также пережил ряд впечатлений, которые навсегда изменили его представление о природе.

По возвращении Чарльз Дарвин собрал свои мысли. В 1839 году он пришел к выводу, что виды претерпевают изменения, что позволяет говорить об эволюции путем естественного отбора в борьбе за выживание. Съедаемый тревогой из-за последствий, к которым может привести такое научное открытие, Дарвин потратил двадцать лет на завершение своей работы, пытаясь дать ответы тем, кто будет ее оспаривать, и навсегда запечатлел историю мира.

ПОЛИТИЧЕСКИЙ, ЭКОНОМИЧЕСКИЙ И СОЦИАЛЬНЫЙ КОНТЕКСТ

ВЕЛИКОБРИТАНИЯ ВО ВСЕМ МИРЕ

XIX век, несомненно, был эпохой Британии. Действительно, страна, в которой родился Чарльз Дарвин, находилась на пике своего расцвета. Хотя рост ее могущества происходил на протяжении многих десятилетий, он особенно ускорился в конце 18-го и 19-м веках. Британия первой вступила в промышленную революцию железа, угля и парового двигателя, что дало ей возможность опередить все другие страны. Затем промышленность значительно развила британскую экономику, и Британия экспортировала все больше и больше товаров, став крупнейшей экономикой мира.

Еще один фактор, который также характеризует важность Великобритании XIX века, — это значение ее территорий. В конце прошлого века, когда страна потеряла свои американские колонии в результате Войны за независимость (1775-1783), она все еще владела Канадой и многими территориями в Карибском бассейне. Укрепляя мощь своего военно-морского флота, Британия неумолимо продолжала свои территориальные завоевания. Многочисленные экспедиции позволили ей завладеть Австралией, Новой

Зеландией и многими островами в Тихом океане. Кроме того, Индия, к которой так стремились все европейские страны, была постепенно завоевана британцами в период с 1757 по 1858 год, когда эта территория окончательно перешла под власть короны. Наконец, Африка стала предметом ожесточенной борьбы между европейскими державами во второй половине XIX века. Там Великобритания создала для себя настоящую империю, колонии которой простирались от Каира до Кейптауна.

Контроль Британии над морями также стал результатом ее побед над европейскими соперниками, начиная с Франции. После войн Французской революции и Наполеоновских войн (1793-1815) британцы окончательно выбили из гонки французских и испанских конкурентов, превратив страну в первую морскую державу. Венский договор 1815 года также предоставил Великобритании ряд укрепленных баз, таких как Гибралтар, Фритаун (Сьерра-Леоне), остров Святой Елены, Кейптаун, Маврикий, Цейлон и Мальта, которые отныне служили для обеспечения связи между колониями и метрополией.

ВЕК НАУКИ

Унаследованный от эпохи Просвещения, целью которой была борьба с мракобесием, энтузиазм к научным исследованиям продолжался и ускорялся в 19 веке, который был одновременно романтическим и позитивистским.

Основываясь на работе отца современной химии Лавуазье (1743-1794), которому мы обязаны первым выделением химических элементов, его последователи открыли почти все элементы в [19] веке. В 1869 году русский химик Менделеев (1834-1907) классифицировал их в соответствии с атомным весом в своей знаменитой периодической таблице.

Первый успех в области электричества был достигнут с изобретением батареи Алессандро Вольта (итальянский физик, 1745-1827) в 1800 году. Многие другие открытия стали результатом этого изобретения, например, принцип электролиза, открытый Энтони Карлайлом (британский физиолог, 1768-1840), и электромагнетизм, открытый Андре Мари Ампером (французский физик, 1775-1836) и Майклом Фарадеем (британский химик и физик, 1791-1867).

В медицине анестезия начала более широко применяться в 1844 году благодаря эфиру. Прогресс также продолжался в области антибиотиков и вакцин, особенно благодаря работе Луи Пастера (французский химик и биолог, 1822-1895).

Эта жажда знаний также подтолкнула европейских интеллектуалов к исследованию различных регионов мира, чтобы понять, как он устроен. В состав этих больших научных экспедиций входили картографы, которые отвечали за постоянное улучшение карт отдаленных районов, астрологи, которые своими наблюдениями расширяли знания о Вселенной, а также многочисленные натуралисты, которые собирали и постоянно открывали виды животных и растений. Главной целью было уже не столько открытие новых территорий, сколько углубление понимания мира и всего, что в нем находится.

ДО ДАРВИНИЗМА: ФИКСИЗМ ПРОТИВ ТРАНСФОРМИЗМА

До начала [XIX] века одна идея доминировала над всеми: креационизм. Следуя библейским заповедям Бытия, все виды считались неизменными, возникшими спонтанно и независимо друг от друга по воле Бога. Кроме того, геологическая шкала времени того времени значительно отличалась от той, которую мы знаем сегодня. Действительно, по ней сотворение Земли произошло в воскресенье 23 октября 4004 года до н.э., что не позволило бы применить теорию эволюции в том виде, в котором мы знаем ее сегодня, поскольку это было так мало времени назад. Это глубоко религиозное направление было передано в научный мир фиксизмом, который утверждает, что каждый вид прошел через века, не изменившись, или, по крайней мере, не претерпев никаких значительных изменений. Фиксизм приобрел большое значение в [XVIII] веке благодаря работам Карла Линнея (шведского натуралиста и врача, 1707-1778), который разработал систему классификации видов, присвоив каждой особи латинское название, род и вид. Эта система, которая используется и сегодня, считалась фиксированной и неизменной, отражающей изначальное разделение, желаемое Творцом.

 ## РАСЧЕТ ПО ВРЕМЕНИ

Дата сотворения мира (воскресенье 23 октября 4004 года до н.э.) была вычислена в [XVII] веке ирландским архиепископом Джеймсом Ашером (1581-1656). Он установил его хронологию, основываясь на Библии, которая рассказывает обо всей мужской линии от Адама, первого человека, до Соломона (царь Израиля, 970-931 гг. до н.э.), учитывая упомянутый возраст каждого потомка. Затем он установил связь с хронологией израильских царей и с вполне датируемыми событиями, происходившими в это время в других цивилизациях, например, у римлян. Именно этот отсчет привел к 4004 году до н.э. Месяц и год были определены на основании начала еврейского года, которое в том году было 23 октября. День воскресенья также был выбран в соответствии с еврейской традицией. Согласно Бытию, Бог сотворил мир за шесть дней и отдыхал на седьмой день, который у евреев соответствует субботе, Шаббату. Поэтому начало творения пришлось на воскресенье, первый день еврейской недели.

В начале XIX века именно французский натуралист Жорж Кювье (1769-1832) стал воплощением фиксистского направления. Как ни парадоксально, он был одним из научных основателей двух учений, которые спустя несколько десятилетий легли в основу эволюционных теорий, а именно палеонтологии (изучение живых существ по окаменелостям) и сравнительной анатомии (изучение родства на основе анатомии). Однако, несмотря на обнаружение сотен окаменелостей, Жорж Кювье позиционировал себя как защитник фиксизма, считая, что окаменевшие виды не имеют никакой связи с видами его времени. Он считал, что одни исчезли, а другие возникли совершенно независимо. Для поддержки своей гипотезы он использовал теорию, ссылающуюся на великие катаклизмы, последним из которых был потоп, преодоленный Ноевым ковчегом.

Хотя фиксизм доминировал, в то время все большее значение приобретало другое научное направление, восходящее к античности: трансформизм. В отличие от фиксистов, трансформисты считали, что виды изменялись с течением времени в зависимости от определенных обстоятельств. Приверженцами трансформизма были великие натуралисты эпохи Просвещения, такие как Жорж Луи Леклерк де Бюффон (1707-1788), но его влияние возросло благодаря Жану-Батисту Ламарку (французский натуралист, 1744-1829). По мнению последнего, виды претерпевают изменения в постоянной прогрессии в сторону усложнения и совершенствования. Он даже вывел закон – ныне устаревший – о наследовании признаков, утверждая, что трансформация органа передается из поколения в поколение, изменяя вид. Самым известным примером, подтверждающим его утверждение, был жираф, вынужденный питаться листьями деревьев, который постепенно удлинил свою шею. Затем эта трансформация стала наследственной. Хотя генетика в XX веке показала, что трансформации и мутации видов гораздо сложнее, Жан-Батист Ламарк, тем не менее, остается предшественником теории эволюции.

БИОГРАФИИ

ЧАРЛЬЗ ДАРВИН

Натуралист и основатель теории эволюции Чарльз Дарвин родился 12 февраля 1809 года в Шрусбери (Англия) в богатой и образованной семье. Его дедами были врач, ботаник, зоолог и поэт Эразм Дарвин (1731-1802) и известный гончар Джозайя Веджвуд (1730-1795), а отец, Роберт Уоринг Дарвин (1766-1848), был врачом. Несмотря на прекрасную семейную карьеру, Чарльз Дарвин очень мало интересовался школой, что отражалось на его оценках. Однако он страстно любил природу и с юных лет начал собирать растения и насекомых.

В 1825 году, когда ему было 16 лет, отец решил отправить его в Эдинбургский университет для изучения медицины. Но эти занятия вызывали у юноши скуку и даже отвращение, и через два года он покинул университет. Тем не менее, именно там он получил свои первые уроки естественной истории, которые подтвердили его страсть к ботанике и зоологии. Поскольку молодому Дарвину казалось, что ему не хватает истинного призвания, его отец предложил ему стать пастором, но эта должность предполагала получение диплома. Чарльз Дарвин начал трехлетнее обучение в Кембридже, без особого энтузиазма, но с возможностью посещать занятия по ботанике. Затем он подружился с профессором Джоном Хенслоу (британский ботаник и геолог, 1796-1861).

В 1831 году он наконец-то получил степень бакалавра искусств и по совету своего профессора вскоре после этого принял участие в экспедиции с Адамом Седжвиком (1785-1873) в северный Уэльс. Этот опыт усовершенствовал натуралистическую подготовку Чарльза Дарвина, который, помимо ботаники и зоологии, теперь был знаком с геологией.

По окончании университета он не хотел становиться пастором. Вместо этого он мечтал о приключениях и путешествиях, подобно великим натуралистам своего времени. Джон Хенслоу снова напутствовал молодого человека и предложил ему присоединиться к экспедиции на корабле *"Бигль"* в качестве натуралиста, зайдя так далеко, что послал рекомендательное письмо капитану корабля Роберту Фицрою (1805-1865). Чарльз Дарвин, наконец, был выбран и поднялся на борт корабля в декабре 1831 года, сумев заручиться согласием своего нежелающего этого отца. Хотя путешествие было рассчитано на два года, *"Биглю" потребовалось* пять лет, чтобы выполнить свою миссию. Это путешествие стало решающим для Дарвина, который, наблюдая, собирая и анализируя все найденные им виды растений, животных и минералов, начал формулировать теорию, которая впоследствии принесла ему известность.

Вернувшись в Англию, он понял, что стал известен в научных кругах. Джон Хенслоу действительно позаботился о том, чтобы опубликовать путевую корреспонденцию молодого натуралиста. Получив такую поддержку, Чарльз Дарвин увидел возможность зарабатывать на жизнь своими научными исследованиями и окончательно отказался от карьеры священнослужителя. В 1839 году он женился, вступил в Королевское общество и опубликовал свои путевые заметки с корабля *"Бигль", в* которых содержалась теория об образовании атоллов.

В 1858 году другой натуралист по имени Альфред Рассел Уоллес прислал ему свою работу по теории эволюции, которая была похожа на его собственную. Под давлением своих друзей Дарвин, наконец, решил опубликовать свою работу, чтобы опередить Уоллеса. 24 ноября 1859 года в книжных магазинах появилась книга *"О происхождении видов путем естественного отбора, или О сохранении благоприятствуемых рас в борьбе за жизнь"*. Успех был незамедлительным.

После этой публикации вся область биологии была перевернута с ног на голову, и в научном сообществе развернулись бурные дебаты. Однако Чарльз Дарвин, оставаясь в стороне от споров, продолжал посвящать себя исследованиям, публикуя другие многочисленные труды и совершенствуя свою теорию. Он умер 19 апреля 1882 года в Дауне, Кент.

АЛЬФРЕД РАССЕЛ УОЛЛЕС

Альфред Рассел Уоллес был натуралистом, родившимся 8 января в Уске (Уэльс). Увлеченный естественными науками, с 1848 по 1852 год он совершил путешествие в Южную Америку, где, как и другие натуралисты, собирал, наблюдал и исследовал все виды животных. В 1854 году он снова отправился на Малайский архипелаг и работал в основном на Борнео.

Следуя своим наблюдениям, он, как и Чарльз Дарвин, вскоре пришел к выводу, что виды животных и растений являются результатом длительной эволюции, движущей силой которой является естественный отбор. Желая опровергнуть свои идеи, он в 1858 году отправил Дарвину свою работу *"О тенденции разновидностей неопределенно удаляться от первоначального типа"*. Видя, насколько продвинулась работа Альфреда Уоллеса, Дарвин, подталкиваемый своими друзьями, решил как можно скорее опубликовать собственную теорию. Признавая первенство работы Чарльза Дарвина, Альфред Уоллес продолжал служить теории эволюции на протяжении всей своей жизни.

Он умер 7 ноября 1913 года в Бродстоуне (Англия).

ТЕОРИЯ ЭВОЛЮЦИИ

ПУТЕШЕСТВИЕ НА КОРАБЛЕ *"БИГЛЬ*

Чарльз Дарвин едва успел закончить учебу, как ему предложили принять участие в научной экспедиции Британского адмиралтейства на корабле *"Бигль"*. Целью экспедиции, которой командовал капитан Роберт Фицрой, было продолжить начатое в 1826 году картографирование Патагонии и Огненной Земли, а затем провести исследования побережья Чили, Перу и некоторых островов Тихого океана.

В среду 27 декабря 1831 года он взошел на борт *"Бигля" и отправился в плавание, рассчитанное на* пять лет. В возрасте 22 лет на момент отплытия натуралист позже утверждал, что "плавание на "Бигле" [было], безусловно, самым важным событием в его жизни и... определило всю его карьеру" (Darwin, 2002).

Несмотря на морскую болезнь, молодой натуралист наслаждался своей миссией на корабле *"Бигль"*. Командир разрешил ему совершать длительные экскурсии к берегу, чтобы он мог исследовать, собирать, изучать и натурализовать все виды, которые были ему доступны. После нескольких остановок и долгого перехода через Атлантику, 4 апреля 1832 года корабль прибыл в залив Рио. Там была запланирована остановка на два месяца, что дало Дарвину полную свободу действий в тропических лесах.

Очарованный невероятным разнообразием природы, молодой человек был также захвачен хаосом леса, где жизнь соседствовала со смертью и разложением, а также ожесточенной борьбой между видами за выживание. Это зрелище было для него новым. До этого момента все считали тропический лес великолепным Эдемским садом, где природа была хороша, согласно божественной воле. Но там натуралист обнаружил обратное. Поведение особей в этой враждебной среде определялось стремлением к выживанию. Дарвин неустанно начал общее исследование условий жизни видов и связей между ними.

ВРЕМЯ ДЛЯ ДОПРОСА

Бигль” возобновил свое плавание 5 июля и прибыл в Баия-Бланка (к югу от Буэнос-Айреса) 7 сентября. Во время экскурсии Чарльз Дарвин обнаружил окаменевшие кости. Хотя он уже видел некоторые из них, это была первая возможность рассмотреть их в естественном состоянии. Затем он заметил, что кости расположены в разных геологических слоях, что свидетельствует о пучении почвы. Однако его внимание по-прежнему было сосредоточено на останках гигантского млекопитающего, которое удивительным образом имело сходство с другими видами, которые еще были живы, хотя наставления Жоржа Кювье утверждали обратное. Это млекопитающее, которому дали имя Megatherium, на самом деле было гигантским ленивцем, вымершим 11 000 лет назад.

Это открытие восхитило Чарльза Дарвина и подтолкнуло его к размышлениям. Существует ли связь между вымершими и ныне живущими видами? Являются ли современные виды результатом преобразования более древних видов? Для натуралиста было слишком рано отвечать на эти вопросы. Тем не менее, его постоянно растущие открытия и коллекции, которые он отправил в Англию, как только представилась возможность, изменили все его прежние представления о мире и природе.

В декабре 1832 года произошел новый опыт, который еще больше расстроил натуралистические идеи. Корабль *"Бигль"* достиг Огненной Земли и собирался высадить миссионера и трех фуэгийцев (жителей Огненной Земли). За три года до этого их привезли в Англию для обучения. Цель эксперимента заключалась в том, чтобы вернуть их в их первоначальное племя для цивилизации остального населения. Хотя эта часть миссии закончилась полным провалом, она очень помогла размышлениям натуралиста. Чарльз Дарвин, впервые встретившись с "первобытными" людьми, был потрясен. Он отметил их элементарный образ жизни, поведение, граничащее с дикостью, и их борьбу за выживание в неблагоприятных условиях. Однако трое из них получили образование, что доказывает отсутствие интеллектуального превосходства, как многие думали в то время, между "расами" людей. Следовательно, именно окружающая среда влияет на состояние человека. Столкнувшись со зрелищем диких популяций по всему миру, Чарльз Дарвин заметил, что граница между человеком и животным тоньше, чем хотелось бы верить теологам. Напротив, Дарвин рассматривал человека не как божественное творение, стоящее выше всего, а как млекопитающее среди многих других.

После нескольких путешествий и остановок в Патагонии *"Бигль"* прошел Магелланов пролив в июне 1834 года. 23 июля он достиг Вальпараисо, Чили. Чарльз Дарвин отправился на первую экскурсию в Анды и, к своему изумлению, обнаружил окаменелые раковины на высоте 4 000 метров. Этот тревожный опыт заставил его понять, что почва была сильно поднята неизвестными силами. Более того, такое событие должно было произойти в течение длительного периода времени, что ставило под сомнение его представления о геологическом времени из Библии. Затем *“Бигль”* вернулся вдоль побережья к Вальдивии (порт Чили), достигнув ее в феврале 1835 года, а в марте вернулся в Вальпараисо, где натуралист во второй раз исследовал Анды. В Вальдивии Чарльз Дарвин столкнулся с сильным землетрясением, которое заставило его осознать невероятную силу природы и, в частности, нестабильность постоянно меняющегося мира.

ГАЛАПАГОСCКИЕ ОСТРОВА И ИХ ВЬЮРКИ

Достигнув Лимы (Перу), экспедиция направилась к Галапагосским островам, чему был рад Чарльз Дарвин. Этот этап путешествия был действительно решающим для натуралиста в развитии его теории. *Бигль”* прибыл на остров Чатем 17 сентября 1835 года, и Дарвин сразу же приступил к исследованиям. Переходя от острова к острову, он заметил, что на этом архипелаге есть виды, которые не встречаются больше нигде. Среди самых известных — гигантские черепахи, мясо которых ему довелось попробовать, и игуаны, которых он несколько раз бросал в воду, чтобы проверить их водонепроницаемость. Чарльз Дарвин также интересовался птицами островов, а именно вьюрками, которые много лет спустя стали по-настоящему знаменитыми благодаря ему.

Среди 26 собранных видов сухопутных птиц вьюрки на первый взгляд казались совершенно обычными. Однако, понаблюдав за ними, Дарвин выделил не менее тринадцати видов этих маленьких птиц, которые различались по размеру клюва. Иногда они были очень развитыми, как у крестовки, иногда гораздо тоньше, как у пеночки, а между этими двумя крайностями находилось множество размеров. Чарльз Дарвин осознал важность примера вьюрков лишь много позже, когда разрабатывал свою теорию. Они действительно являются осязаемым доказательством вариаций видов.

Эти птицы, вероятно, произошедшие от общего предка с американского континента, со временем изменились, чтобы соответствовать суровым условиям окружающей среды Галапагосских островов. Поскольку пища ограничена, виды эволюционировали, приобретая специфические черты в зависимости от того, какая пища доступна на каждом острове. Одни стали питаться семенами, другие — насекомоядными. Но даже в первой категории существуют свои особенности: действительно, одни питаются более твердыми и крупными семенами, которые может расколоть только сильный клюв, а другие питаются более мелкими семенами, которые легче есть, что дает необходимые объяснения для многих типов клюва, которые можно найти у этой птицы.

Даже сегодня "дарвиновских вьюрков" изучают, чтобы наблюдать за эволюцией вида. Так, в периоды засухи, когда пищи становится меньше, биологи наблюдают сокращение популяции мелкоклювых вьюрков, поскольку они не в состоянии разгрызать крупные семена, как крупноклювые вьюрки, которые могут питаться всем подряд. Таким образом, это открытие показывает, что наиболее приспособленные виды выживают быстрее менее приспособленных. Хотя Дарвин не говорил о естественном отборе, когда открыл вьюрков, он, тем не менее, был убежден в изменчивости видов и видообразовании (образовании новых видов).

Когда миссия *"Бигля"* подошла к концу, наконец-то можно было начать возвращение в Великобританию. 20 октября 1835 года судно покинуло Галапагосы и последовательно достигло Таити, Новой Зеландии и Австралии. В апреле оно достигло Кокосовых островов (острова Индийского океана), где Дарвин разработал свою теорию образования атоллов. Он также был очарован кораллами, различные ветви которых вдохновили его на создание эволюционных деревьев (где виды развиваются в нескольких направлениях). Наконец, после путешествия через Маврикий, Кейптаун и остров Святой Елены, 2 октября 1836 года корабль прибыл в Великобританию. Во время путешествия Чарльз Дарвин написал 770 страниц заметок и собрал 1 529 видов, сохраненных в спирте, и 3 907 "сухих" видов. Имея такую обширную базу материалов, размышления натуралиста над своими находками могли продолжаться годами.

ВЫЖИВАНИЕ СИЛЬНЕЙШИХ

По возвращении Чарльз Дарвин заметил, что стал знаменитым. Его письма к Джону Хенслоу действительно читали в научных кругах, что сделало его известным ученым. Он немедленно начал каталогизировать свои коллекции и даже доверил их многим экспертам, чтобы получить как можно больше информации. В феврале 1837 года появились первые результаты, особенно по галапагосским вьюркам: вьюрков было 13 разных видов, но все они были очень близки друг к другу. Тем временем Чарльз Дарвин работал над своими заметками, которые в итоге опубликовал в 1839 году. Наконец, с июля 1837 года по июль 1839 года он написал первые книги по своей теории происхождения видов.

Однако Дарвин оставался осторожным, понимая, что его идеи опасны для того времени. Поэтому, сохраняя осторожность, он окружил себя учеными, а также животноводами, садоводами и питомниками, чтобы собрать новые доказательства. Его теория теперь явно отличалась не только от креационизма, но и от трансформизма Ламарка. Так, он выдвинул гипотезу, что трансформация вида не является контролируемым результатом стремления животного к совершенствованию, а скорее адаптацией к окружающей среде. Поэтому не жирафы вытянули свои шеи от поедания листьев, расположенных на деревьях, а жирафы с более длинными шеями, которые смогли получить больше пищи и, таким образом, выжить. Благодаря наблюдениям и размышлениям Чарльз Дарвин понял, что этот отбор является краеугольным камнем преобразования видов.

Таким образом, он отметил, что заводчики домашних животных могут выявлять минимальные различия между определенными животными и искусственно отбирать наиболее подходящих или наиболее сильных для размножения, таким образом постепенно изменяя вид. В природе такой отбор также имеет место, но это естественный отбор. Однако Дарвин еще не понимал, как этот отбор происходит естественным путем. Что было причиной? Продолжая анализировать и особенно читать, он, наконец, нашел ответ в *"Эссе о принципе народонаселения"* Томаса Мальтуса (британский экономист, 1766-1834), в котором представлена борьба человека за выживание. Вспомнив ожесточенную борьбу видов в тропических лесах, Чарльз Дарвин понял, что нашел причину естественного отбора: борьба за выживание. Во враждебной среде, когда условия жизни меняются, только самые приспособленные выживают и размножаются, постепенно преобразуя вид. Теперь у натуралиста была основа его теории, но беспокойство по поводу революции, которую он спровоцирует, постоянно мешало написать и опубликовать его книгу.

ПРОИСХОЖДЕНИЕ ВИДОВ ПУТЕМ ЕСТЕСТВЕННОГО ОТБОРА

В течение следующих двадцати лет (1839-1859) Чарльз Дарвин постоянно писал. Он написал работы об атоллах, вулканических островах и зоологии из своего путешествия на корабле *"Бигль"*. В 1842 и 1844 годах он также написал два черновика своей теории эволюции, но продолжал неустанно собирать доказательства, прежде чем задуматься о ее публикации. Между тем, с 1846 по 1852 год Дарвин посвятил себя изучению барнаклов (ракообразных), чтобы еще больше укрепить свою репутацию, продолжая при этом заниматься своей основной работой.

С 1856 года Дарвин начал писать свою книгу, и в марте 1858 года было закончено десять глав, включая ту, что посвящена естественному отбору. Тем не менее, публикация книги была ускорена внешним фактором. Другой натуралист, Альфред Уоллес, прислал Дарвину свои работы, которые оказались очень похожими на его собственные. Поощряемый друзьями, Дарвин 1 июля 1858 года представил образец своей работы вместе с эссе Альфреда Уоллеса, но заявил, что работает над теорией с 1839 года. Хотя эссе было воспринято с величайшим равнодушием, натуралист продолжал писать свою книгу. Наконец, 24 ноября 1859 года он опубликовал труд всей своей жизни: *"О происхождении видов путем естественного отбора, или О сохранении благоприятствуемых рас в борьбе за жизнь"*.

Появилась совершенно новая теория эволюции. Согласно Чарльзу Дарвину, виды не были неизменными, как предполагал креационизм, а являлись результатом медленного процесса эволюции от общего предка. Он заявил, что эти изменения регулируются естественным отбором. Для каждого вида изменения могут происходить случайно. Они могут быть положительными или отрицательными, в зависимости от обстоятельств (окружающая среда, климат, пища, камуфляж и т.д.). После этого может действовать естественный отбор. Если эволюция более приспособлена к текущим обстоятельствам, то эти особи будут иметь больше шансов выжить и размножиться, передавая свои специфические черты потомству. Менее приспособленные обречены на исчезновение. Поэтому изменения происходят постоянно. Оно не имеет ни направления, ни цели, ни конкретной задачи, которая бы стремилась к большему прогрессу, а просто является результатом лучшей адаптации.

ВЛИЯНИЕ

РЕЛИГИОЗНАЯ И НАУЧНАЯ ОППОЗИЦИЯ

Публикация *"Происхождения видов" пользовалась* немедленным успехом, настолько, что первый тираж в 1 250 экземпляров был вскоре исчерпан. К 1872 году вышло шесть изданий книги с дополнительными сведениями о правках. Несмотря на такой успех, работа вызвала много споров. Став достоянием гласности благодаря газете, в Великобритании начались настоящие публичные дебаты по поводу книги натуралиста между эволюционистами и англиканской церковью, причем последнюю в научном мире поддерживали фиксисты.

Работа Чарльза Дарвина действительно вызвала гнев церкви, поскольку в ней упускалось или полностью отрицалось существование Бога. Согласно представлениям того времени, все творение было актом божественной воли, как учит Библия. Аналогичным образом, образ щедрой природы был полностью подорван Чарльзом Дарвином. Вместо этого он представил ее свирепой, поскольку именно в ней естественный отбор безжалостно отдает предпочтение сильнейшим. Научно доказав, что в основе происхождения видов и их эволюции не лежит божественное вмешательство, Чарльз Дарвин сделал недействительным понятие Бога, а значит, и саму веру. Однако в то время церковь считала себя гарантом общественного порядка. Принцип эволюции был даже враждебен фиксистам, которые только что завершили неизменную классификацию видов по системе Линнея.

Наконец, в работе Чарльза Дарвина намеренно обойден вопрос о человеке и его происхождении. Автор надеялся избежать неприятностей, но его молчание было быстро истолковано, и, вероятно, справедливо, как желание не делать различий между человеком и другими видами. Человек не стоит над схваткой, а подчиняется, как и другие виды, законам эволюции. Эта точка зрения вскоре была сведена к идее, что человек произошел от обезьян, чего Чарльз Дарвин никогда не утверждал в своей книге.

Нападки с каждой стороны в конечном итоге привели к большим дебатам, которые состоялись в Оксфорде 30 июня 1860 года. Дарвин, страдавший в то время, не участвовал в дебатах, но его представлял его друг Томас Хаксли (британский физиолог, 1825-1895), а епископ Оксфорда Сэмюэль Уилберфорс (1805-1873) выступал от имени религиозной стороны. Дебаты между этими двумя людьми были жестокими. Епископ не постеснялся спросить своего оппонента, не произошел ли он от обезьян через своего деда. Томас Хаксли ответил: "Если, сказал я, передо мной поставят вопрос, кого я предпочел бы иметь в качестве деда – жалкую обезьяну или человека, высоко одаренного природой и обладающего огромными средствами влияния, который использует эти способности и это влияние лишь для того, чтобы внести насмешку в серьезную научную дискуссию, я без колебаний отдам предпочтение обезьяне" (Continenza, 2004: 136). В конце дискуссии каждая сторона считала, что одержала верх, поэтому споры продолжались еще много лет. Тем не менее, идеи Чарльза

Дарвина распространились по всему миру, и научный прогресс в конце концов доказал его правоту.

Аналогичным образом, церковь в конце концов отбросила любое противоречие между теорией эволюции и верой, считая теперь, что вмешательство Бога было произведено при рождении Вселенной, которой он дал свои законы. Однако другие, более фанатичные религиозные группы и сегодня продолжают отрицать теорию Чарльза Дарвина, предпочитая буквальное прочтение Библии. Эти группы, называемые креационистами, встречаются в основном в Соединенных Штатах и Австралии.

ДАРВИНИЗМ И НЕОДАРВИНИЗМ

Оставаясь в стороне от дебатов, Чарльз Дарвин тем не менее продолжал свою работу и по мере сил приводил аргументы в поддержку своей теории. Таким образом, он выпустил множество других публикаций, которые поддерживали его утверждения или касались других тем. Осознавая, что он не может бесконечно избегать этой темы, натуралист обратился к вопросу о человеке в книге *"Происхождение человека и отбор в отношении пола"*, опубликованной в 1871 году, а в следующем году – в книге *"Выражение эмоций у человека и животных"*. В этих двух книгах Чарльз Дарвин поместил человека среди млекопитающих, которые, как и другие виды, произошли от общего предка. Человек также подвержен эволюции. Однако натуралист считал человека продуктом не естественного отбора, а другого фактора, а именно полового отбора, который, хотя и менее жесткий, проявляется и у других видов. Самые красивые и сильные самцы имели больше шансов размножаться и иметь потомство.

Хотя Чарльза Дарвина сильно критиковали, у него были и защитники, особенно среди молодого поколения натуралистов, которые считали его работу революционной в области науки. Так родился дарвинизм, защищающий теорию эволюции. В последние годы жизни Дарвина и много позже многие исследователи продолжали его работу. Вопрос о человеке все еще оставался дискуссионным, побуждая многих ученых искать недостающее звено, гипотетически устанавливая связь между обезьяной и человеком. В 1856 году в Германии были найдены ископаемые останки неандертальцев. Сторонники теории Дарвина поспешили увидеть в них более раннюю стадию эволюции человека. Позже, в 20 веке, другие ископаемые останки также продемонстрировали эволюцию человека – от *Homo erectus* до *Homo habilis*.

Между тем, в 1865 году предшественник генетики Грегор Мендель (1822-1884) открыл законы наследственности и генов, что подкрепило теорию эволюции, хотя Дарвин не знал об этих теориях. В начале 20-го века работы Менделя были параллелизованы с теорией эволюции, что дало начало неодарвинизму или "современному эволюционному синтезу". Дополненная генетикой, теория Дарвина стала неизбежной и прекрасно объясняла передачу вариаций от одного индивидуума к его потомству. Генетика и открытие исследований ДНК также нарушили исследования эволюции человека. Ученые обнаружили, что человек является двоюродным братом обезьяны, а не прямым потомком. Поиски недостающего звена прекратились в пользу древнейшего предка, общего для человека и обезьяны.

Хотя Чарльз Дарвин умер 19 апреля 1872 года, его новаторская книга до сих пор остается одним из главных произведений истории, наложившим глубокий отпечаток на научные и философские представления о природе и видах, включая человека. "В то время как эта планета кружит по кругу в соответствии с неизменным законом гравитации, из столь простого начала развивались и развиваются бесконечные формы, самые прекрасные и самые удивительные". (Дарвин 2008).

РЕЗЮМЕ

- Чарльз Дарвин родился 12 февраля 1809 года в Англии. Будучи бедным студентом, он начал учиться, чтобы стать врачом и пастором, но без особого интереса. Однако он был увлечен естественными науками и занялся коллекционированием растений и насекомых.

- По окончании учебы молодому человеку представилась возможность участвовать в экспедиции *"Бигля"* вокруг света в качестве натуралиста. Приняв предложение, он начал свое путешествие 27 декабря 1831 года. Это путешествие привело к тому, что Чарльз Дарвин стал известным натуралистом.

- В апреле 1832 года он открыл тропический лес и был потрясен свирепостью природы и борьбой между различными видами за выживание. Это видение было далеко от идеи о щедрой природе по божественной воле. Этот опыт навсегда изменил мышление Дарвина.

- *Бигль"* достиг Огненной Земли в декабре 1832 года. Изучая племена Огненной Земли, Дарвин увидел, что его идеи о происхождении человека полностью нарушены. Он считал человека не отдельным от других животных и не стоящим над ними, а таким же млекопитающим, как и все остальные.

- В сентябре 1835 года экспедиция достигла Галапагосских островов. На этом архипелаге молодой натуралист имел возможность полюбоваться свидетельствами видообразования и изменения видов через вьюрков, которых он обнаружил не менее 13 различных видов, отличающихся размером клюва.

- Вернувшись в Англию в 1836 году, Чарльз Дарвин сразу же начал анализировать свои записи и каталогизировать свои коллекции, даже доверив некоторые из них нескольким специалистам, чтобы собрать как можно больше информации. До 1839 года он писал книги о своей теории эволюции.

- Собрав как можно больше доказательств, Дарвин окружил себя множеством специалистов и продолжил свои исследования. В конце концов он заложил основы своей теории, определив естественный отбор как пусковой механизм эволюции, а борьбу за выживание — как движущую силу. Однако, обеспокоенный тем, какое влияние может оказать такое открытие, Чарльз Дарвин потратил двадцать лет на написание своей книги.

- Написав несколько черновиков в 1842 и 1844 годах и, наконец, приступив к собственно написанию в 1856 году, Чарльз Дарвин торопился завершить публикацию своей работы. Другой натуралист, Альфред Уоллес, пришел к тому же результату, что и он, и существовал риск, что он опубликует свою теорию первым.

- 24 ноября 1859 года новая теория эволюции была опубликована под названием *"О происхождении видов путем естественного отбора"*. Книга имела такой успех, что переиздавалась шесть раз до 1866 года.

- Книга Чарльза Дарвина сразу же вызвала споры, особенно среди представителей церкви. Тем не менее, натуралист продолжил свою работу и занялся вопросом

происхождения человека и его эволюции, навсегда раз-
рушив философские представления своего времени.

- Чарльз Дарвин умер 19 апреля 1872 года.

УЗНАТЬ БОЛЬШЕ

БИБЛИОГРАФИЯ

Боулби, Дж. (1992) *Чарльз Дарвин: Новая жизнь*. Нью-Йорк: W.W. Norton & Company.

Brosse, J. (1999) *Les tours du monde des explorateurs. Les grands voyages maritimes, 17641843*. Париж: Bordas.

Континенца, Б. (2004) *Darwin, l'arbre de vie*. Париж: Pour la Science.

Дарвин, Ч. (2002) *Автобиографии*. Лондон: Пингвин.

Дарвин, Ч. (2008) О происхождении видов. Оксфорд Oxford World's Classics.

Histoire universelle : le XIXᵉ siècle en Europe et en Amérique du Nord (2007) *Création de l'Empire britannique*. Париж: Hachette.

Histoire universelle : le XIXᵉ siècle en Europe et en Amérique du Nord (2007) *La science romantique*. Париж: Hachette.

Histoire universelle : le XIXᵉ siècle en Europe et en Amérique du Nord (2007) *Positivisme et science expérimentale*. Париж: Hachette.

Райс, Т. (1999) *Путешествия: три века натуралистических исследований*. Невшатель: Делашо и Нистле.

Торт, П. (1997) *Darwin et le darwinisme*. Париж: Presses Universitaires de France.

ДОПОЛНИТЕЛЬНЫЕ ИСТОЧНИКИ

Десмонд, А. Мур, Дж.А. (1992) *Дарвин.* Нью-Йорк: W.W. Norton & Company.

Русе, М. (2008) *Чарльз Дарвин.* Оксфорд: Блэквелл.

Русе, М. (ред.) (2013) *Кембриджская энциклопедия Дарвина и эволюционной мысли.* Кембридж: Издательство Кембриджского университета.

Русе, М. и Ричардс, Р.Дж. (2016) *Debating Darwin.* Чикаго: Издательство Чикагского университета.

Страгер, Х. (2016) *Скромный гений: история жизни Дарвина и того, как его идеи изменили все.* CreateSpace Independent Publishing Platform.

ИКОНОГРАФИЧЕСКИЕ ИСТОЧНИКИ

Вольтова куча, изображение из книги «*Leçons de Physique*» Луизы Маргат-Л'Юилье. Париж: Vuibert et Nony, 1904. Репродукция изображения без авторских прав.

Карл Линней, гравюра из книги "*Знаменитые люди науки*" Сары К. Болтон. Нью-Йорк: T. Y. Crowell & Co., 1889. Репродукция картины без авторских прав.

Чарльз Дарвин в возрасте 7 лет, автор Эллен Шарплз, 1816 год. Репродукция картины без авторских прав.

Альфред Рассел Уоллес, 1908 год. Репродукция картины без авторских прав.

Le HMS Beagle in Tierra del Fuego" работы Конрада Мартенса. Эта картина была написана во время путешествия *"Бигля"* (1831-1836). Репродукция картины без авторских прав.

Вьюрки Дарвина, 1845 год. © Джон Гулд.

ФИЛЬМЫ И ДОКУМЕНТАЛЬНЫЕ ФИЛЬМЫ

Дарвин и наука об эволюции. (2003) [Документальный фильм]. Валери Винклер. Режиссер. Франция: Arte France, Trans Europe Film, CNRS Images.

Чарльз Дарвин и Древо жизни. (2009) [Документальный фильм]. Дэвид Аттенборо. Письмо. ВЕЛИКОБРИТАНИЯ: Британская вещательная корпорация, Открытый университет.

Сотворение. (2009) [Фильм]. Jon Amiel. Дир. Великобритания: Recorded Picture Company.

Большое путешествие Чарльза Дарвина. (2009) [Документальный фильм]. Ханнес Шулер и Катарина фон Флотов. Дир. Франция: Les Films du Paradoxe.

МУЗЕИ И МЕМОРИАЛЬНЫЕ ПАМЯТНИКИ

Даун Хаус, дом Чарльза Дарвина, Даун, Кент (Великобритания).

Памятник Чарльзу Дарвину, Шрусбери (Великобритания).

Музей естественной истории, Лондон (Великобритания).

Статуя Чарльза Дарвина в Музее естественной истории, Лондон (Великобритания).

IMPROVE YOUR GENERAL KNOWLEDGE
IN THE BLINK OF AN EYE!

Издательство гарантирует достоверность опубликованной информации, что, однако, не может повлечь за собой его ответственность.

Мастер ISBN: 9782808601559
Бумажный ISBN: 9782808603003
Легальный депозит: D/2022/12603/301

Цифровое оформление: Primento,
цифровой партнер издателей.